AF325108

Cet Ouvrage se trouve

A Lyon, chez Ayné Frères, Libraires, rue St.-
Dominique, n.º 17.

A Paris, chez Brunot-Labbe, Libraire, quai des
Augustins.

A Genêve, chez Mad. V.ᵉ Dechateauvieux,
Libraire.

A Grenoble, chez Baratier, Libraire.

OBSERVATIONS

SUR

LA CULTURE DES FLEURS,

ET PARTICULIÈREMENT

SUR CELLE DES OEILLETS

ET LES MALADIES

AUXQUELLES ILS SONT SUJETS;

Par FRANÇOIS TERMIER, de Chambéry, Amateur Fleuriste.

A CHAMBÉRY,

Chez F. PUTHOD, Libraire, rue St.-Dominique.

1816.

DE L'IMPRIMERIE DE J.-L. MAILLET.

PRÉFACE.

AUX AMATEURS FLEURISTES.

Ce n'est point un ouvrage que je présente aux amateurs de la belle nature. Je n'ambitionne point le nom d'auteur ; je ne veux que leur offrir les observations que j'ai faites depuis quarante ans sur la culture des fleurs, et principalement de l'œillet. Si les moyens que j'indique pour perfectionner et conserver ces précieuses productions sont assurés ; si ceux qui partagent mon goût peuvent ainsi obtenir des résultats satisfaisans , mon but est rempli , et ma récompense sera leur jouissance et leur plaisir. Qu'on ne cherche donc ni les agrémens d'une belle diction , ni la perfection du style. C'est un fleuriste cultivateur qui parle ; il ne connaît d'autres fleurs que celles de son parterre. J'ai cultivé ; et , d'après mes procédés, j'ai eu des succès heureux. Je fais part de mes moyens et de mon expérience : qu'on n'exige rien de plus. Si l'on m'a compris, si l'on peut opérer d'après mes indications, si l'on réussit, je rirai de la critique.

TABLE
DES ARTICLES

CONTENUS

DANS CES OBSERVATIONS.

OBSERVATIONS

OBSERVATIONS

SUR

LA CULTURE DES FLEURS.

Manière de préparer la terre pour la culture des œillets.

L'œillet se plaît volontiers dans la terre fraîche ; celle de jardin est celle qui lui convient le mieux. On la passera à travers une grille de fer ; on prendra ensuite du bon fumier de vache , environ une pleine brouette sur deux de terre.

Voici la manière de disposer de ce terreau :

On fera un lit de terre d'un demi-pied ,. et un de fumier, ainsi de suite, ayant soin d'arroser ce terreau une fois par semaine pendant trois mois , faisant plusieurs trous sur le tas pour que l'eau s'y introduise. En suivant cette méthode , le fumier se consumera plus vîte. Au bout de ce tems on coupera ce terreau par tranche avec une pelle , et on le mêlera ensuite au bout de quelques jours. Si la terre à potager est trop vierge , on corrigera ce défaut par un quart de terreau

A

de cheval bien consumé , ce qui ôtera à cette terre l'âcreté qu'elle pourrait avoir , n'oubliant point de bien remuer le terreau mis en tas. Lorsqu'il sera fait on le passera comme j'ai dit ci-dessus. Ce procédé est essentiel pour réussir.

On aura soin , lorsqu'on fera ramasser le fumier dans l'écurie , de détacher avec une pelle celui qui se sera formé en croûte sur la pierre , et d'enlever avec un fort balai ce qui aurait pu rester dans les joints des pierres ; c'est le meilleur parce qu'il est plus nitreux et qu'il conserve sa fraîcheur plus long-tems que celui qu'on enlève au dessus, n'étant en grande partie que paille et foin de marais , ce qui rend le fumier plus léger, cendreux , moins nitreux et moins frais : ainsi j'invite le fleuriste à faire provision de ce fumier , le plaçant , autant qu'il est possible , dans un endroit frais. En observant toujours avec soin la manière que je viens d'indiquer , on sera sûr qu'au bout de trois mois il sera bien consumé , qu'on pourra en user dans le mois de mars et en couvrir les vases , enlevant celui qu'on aurait pu mettre pendant l'automne précédente , et ayant soin de soulever la terre d'un bon pouce et demi avec un mauvais couteau , pour que le suc provenant de ce terreau pénètre plus facilement dans la terre.

Lorsque le tems sera venu de faire les marcottes on prendra de ce terreau , qui vaut mieux que la terre de saule , et on le mélangera avec de la terre bien passée.

Lorsqu'on voudra mettre les marcottes en vase on emploiera toujours sur un tiers de terreau deux tiers de terre que l'on mêlera bien ensemble. Cette qualité de fumier dont se compose ce terreau est préférable à celui de vache comme étant plus gras et plus nitreux.

Manière de semer la graine d'œillet.

AYEZ une caisse de la profondeur d'un pied, mettez-y votre terreau déjà préparé de la manière ci-dessus indiquée, semez vos graines dans les premiers jours d'avril, ou plutôt si le tems le permet, lorsqu'il y aura apparence de pluie. Vous les sèmerez bien clair, ayant soin de presser avec la truelle la terre qui aura reçu la semence, pour que les plantes se nourrissent et se fortifient ; car si on les sème épaisses elles s'éfilent et ne produisent qu'une tige, au lieu qu'autrement elles forment de belles plantes, donnent beaucoup plus d'œilletons qui produisent quantité d'œillets. Ayez soin de ne pas placer votre caisse au midi, et faites qu'elle ne reçoive le soleil que depuis son lever jusqu'à deux heures après midi.

Si le tems annonce du froid, comme gelée ou même gelée blanche, couvrez la caisse d'un paillasson pour en préserver vos semis, arrosez-les de tems en tems pour que toutes les graines lèvent.

Il sera nécessaire, lorsque vous voudrez les nétoyer de la mauvaise herbe, à mesure qu'elle paroîtra, de se munir d'une petite pince en laiton pour l'arracher ; car il serait très-difficile autrement de ne pas gâter et arracher vos jeunes plantes. Cette petite pince est d'autant plus utile qu'elle peut servir, non-seulement pour les semis de renoncules et généralement pour toute espèce de semature délicate, mais encore à développer et à arracher la pellicule qui est au milieu de l'œillet à carte que l'on pourrait ternir si on ne faisait pas usage de ce moyen.

Dès que vos plantes seront parvenues à un certain point d'accroissement, c'est-à-dire qu'elles auront sept à huit feuilles, vous les mettrez en pépinière dans un bon terrain composé d'une terre forte, bien fumée, exposé au nord plutôt qu'au midi, pour qu'elles ne reçoivent que la moitié du soleil dans le courant de la journée. Par ce soin vos œillets seront bien plus au frais. J'ai observé que ma plantation exposée au midi et dans un terrain léger ne profitait pas comme au nord et était sujette à la maladie de la rouille qui est occasionnée par la grande chaleur, et qui empêche la végétation. L'expérience m'ayant démontré qu'un terrain fort et frais convient plus particulièrement à la culture de l'œillet, on pourra prendre préférablement le fumier de vache pour faire le terreau, à moins qu'on ne se serve d'un gros terrain ; alors on prendrait du fumier de cheval qu'on mêlerait en égale quantité.

Lorsque la plante est jeune, et que la tige qui doit donner la fleur n'est pas développée, on voit souvent les feuilles se recoquiller ou se plisser et adhérer les unes aux autres par leur extrémité. Si on ne se hâte d'y porter remède elles contractent bientôt la rouille et périssent.

Cette maladie est causée par un très-petit insecte qu'on appelle *thrips* (1).

Ces insectes sont très-communs ; on les voit surtout dans les fleurs de primevères jaunes, dans les fleurs qu'on appelle à demi-fleurons, tels que les pissenlits, scorsonères et autres semblables.

---

(1) Ces petits insectes ont la longueur d'une ligne : leur couleur est entièrement noire, les étuis sont bleuâtres, les ailes blanches, le corps long et menu : le ventre, en forme de fuseau, est gros à son origine, un peu plus enflé vers le milieu, et se termine en pointe ; les ailes sont au nombre de quatre, et ses six pattes ressemblent à celles des autres insectes ailés.

Les thrips sont d'une grande agilité et courent avec vîtesse ; ils volent aussi, mais à peu de distance, de sorte qu'ils semblent plutôt sauter que voler. Quand on les tourmente beaucoup ils élèvent le derrière et courbent le corps en arc, dont la concavité est formée par le dos.

Ces insectes sont très malfaisans ; Linnée s'exprime ainsi : *Loti corniculatæ flores clausos tumidosque reddit, spicas secalis inanis. Lin. septem. nat. tom. 2, pag. 743, n.° 2.*

M. Degéer a observé sur les plantes où l'on trouve des thrips de cette espèce, de très-petits animaux blancs à peine visibles, qui couraient sur les feuilles et entre les pétales ; le microscope lui fit voir qu'ils avaient la même figure que les thrips, excepté qu'ils n'avaient point d'ailes ; il ne pouvait les méconnaître pour les larves de ces insectes.

Ce sont ces larves qui, déposées dans le cœur de la plante des œillets, les font successivement recoquiller, jaunir et périr. On aperçoit même souvent un petit amas d'écume qui, je crois, est le produit de cet insecte.

Lorsque la situation de la plante avertit de la présence de l'insecte, il faut séparer et étaler les feuilles réunies par leur sommet, et répandre dans le cœur de la plante quelques prises de tabac, elles éloignent l'insecte et en font périr les larves.

On voit très-souvent sur le bouton de l'œillet une mouche appelée *musca polita* (1), mouche lisse.

Lorsque le bouton de l'œillet a acquis les deux tiers de sa grosseur, cet insecte vient s'y placer et s'y repose pendant les fortes chaleurs ; il y dépose ses œufs qui se collent à l'écorce du calice, de manière qu'en passant le doigt dessus on croit toucher une lime. Le ver, en se formant, pénètre le bouton qui périclite insensiblement, s'ouvre par le côté, et donne issue à d'autres insectes qui rongent les pétales, tels que les *thrips*.

Le moyen de garantir la plante des maux que cause cet insecte est, quand on le voit,

---

(1) M. Degéer en donne la description sous le nom de nemotelle dorée, *nemotellus auratus*, tome 6, page 202, n.° 18.

Cette mouche est plus petite que les mouches domestiques et leur ressemble assez, excepté que le ventre est proportionnellement plus court, de figure ovale et applatie.

La couleur de la tête, du corselet et du ventre, est d'un vert très-brillant, tirant sur le bleu ; toutes ses parties sont lisses, c'est-à-dire sans poils sensibles ; les yeux sont d'un brun rougeâtre, les ailes toutes transparentes, les cuisses noires, les pattes jaunes.

de le prendre comme on prend les mouches ; vous ferez ensuite bouillir dans un petit pôt de la contenue d'un verre d'eau, une once de tabac ; ensuite vous frotterez de cette infusion, par le moyen d'un pinceau ou d'une plume, la partie attaquée. Cette aspersion doit se répèter deux ou trois fois à quelques heures d'intervalle, les insectes périront, et la mouche fuira une plante imprégnée de cette décoction; la plante se rétablira.

Dans le courant de l'été, sarclez bien vos œillets, ôtez toute la mauvaise herbe qui pourrait les étouffer et les faire périr; n'arrachez vos plantes qui sont en pépinière qu'à la fin de septembre pour en faire des plate-bandes, les plantant à un demi-pied de distance l'une de l'autre, en mettant du fumier moitié pourri au dessus de la terre et autour de vos plantes pour les préserver de la gelée et du dégel; car on voit souvent la plante déracinée et hors de terre périr insensiblement, le tout causé par de tels accidents. On observera donc bien cette mesure, particuliérement pour les marcottes, ayant soin que ce fumier ne repose pas sur le cœur de la plante, ce qui le ferait blanchir et ensuite périr.

Au printems vous les nétoyerez, les sarclerez, et leur ôterez les fanes ou feuilles mortes.

Lorsque vos œillets commenceront à former leur tige, vous visiterez chaque plante pour voir si elles ne sont point attaquées par une chenille verte qui s'attache et se colle le long de la tige et des feuilles; elle s'en nourrit jusqu'à ce que le bouton ait acquis la grosseur d'un petit pois, alors elle attaque le bouton de préférence et le dévore ; elle fait en peu de tems de grands ravages. Il faut, pour la trouver facilement, visiter les plantes le matin au lever du soleil ; car pendant le jour, soit qu'il pleuve, ou qu'il fasse chaud, elle cherche un abri où elle reste presque immobile.

Cette chenille, est celle du petit papillon du chou, nommé *Papillio rapæ*. Papillon de la rave (1).

---

(1) Cette chenille est au dessous de la grandeur médiocre : elle est d'un beau verd, lisse, elle a seize pattes ; si on la considère avec attention on lui découvre une raie longitudinale tirant sur le jaune, sur le dos, ou deux raies un peu blanchâtres de chaque côté allant d'un bout à l'autre.

Cette chenille est fréquemment sur la capucine, elle est solitaire. L'insecte forme deux générations dans l'année, l'une en mai, l'autre en juillet ; la chrysalide se lie avec une ceinture qui lui embrasse le corps par le milieu, et s'attache par la queue dans quelque endroit abrité, pour pouvoir subir en sûreté sa métamorphose.

Le papillon de cette chenille est plus petit que celui des choux ; le mâle est d'un beau blanc, marqué au-dessus de quatre points noirs, et le bord des ailes supérieures taché de noir. La femelle est d'un blanc tirant sur le jaune ; vue en dessous, les ailes inférieures sont jaunes, les supérieures bordées de jaune, elles sont marquées de huit points noirs. Ce papillon dépose ses œufs en forme de petites pyramides dont la base est posée contre la surface d'une feuille. Voyez les Mem. de Réaumur, tom. 2. Pl. 3. fig. 12, 13 et 14.

Il faut également faire la chasse au papillon pour prévenir les maux de la chenille.

Vous aurez soin, lorsque vos œillets seront en fleurs, d'arracher les simples pour donner à la plante double la facilité de se fortifier ; si par fois vous trouvez dans vos simples ceux qui ont sept à dix feuilles vous pourriez les garder pour graine. J'appelle simples ceux qui n'ont que quatre à cinq feuilles ; il s'en trouve encore de sept et de dix qui sont d'une couleur vive, la feuille de la fleur bien large et ronde ; vous les conserverez, en levant tous les boutons qui croissent le long de la tige, n'en laissant qu'un à chaque, on peut avoir de la graine passable ; et si sur cent plantes vous en trouvez quatre à cinq de doubles, à feuilles rondes vous pouvez être content de votre récolte ; « Aulieu qu'en semant la graine des
» semi-doubles vous en trouverez près des
» trois quarts. Il faut aussi s'attendre que tous
» les œillets que l'on cultive ne portent pas tous
» graines, il s'en trouve de stériles, malgré
» toutes les précautions que l'on peut prendre.

» Si dans votre semature en pleine terre
» vous trouvez quelques espèces d'œillets qui
» méritent de fixer votre attention, donnez-y
» vos soins pour avoir de la graine, en mettant
» un paillasson au dessus de vos plantes, qui
» sera soutenu par quatre piquets de bois en
» forme de couvert pour les préserver des pluies.

» On a toujours remarqué que la récolte des
» graines est vingt fois plus abondante sur les
» simples que sur les semi-doubles, par la
» raison que les simples ne sont chargés que
» de quatre à cinq pétales et n'entretiennent
» pas l'humidité aussi long-tems que les
» semi-doubles ; aussi voit-on ordinairement

» le cylindre remplir le calice , de manière que
» l'eau ne trouve point d'ouverture pour y
» entrer et ne peut faire périr la graine : aussi
» en produit-il beaucoup , mais on ne doit
» pas en faire grand cas , car il faut ensemen-
» ser un trop grand espace de terrain pour obte-
» nir quelque chose de bon et être dédomma-
» gé de ses peines. »

Pour les semi-doubles , vous ôterez de votre
dard les boutons qui viennent en grande quantité et n'en laisserez que trois ou quatre à chaque ; ne soyez point surpris de voir vos premiers œillets communs et dentelés ; ce sont
ordinairement ceux qui paraissent les premiers;
les plus beaux sont toujours les derniers à
paraître.

De la beauté de l'œillet.

Les œillets les plus beaux sont à feuilles rondes
et non pointues et dentelées , imitant parfaitement celles de la rose ; l'œillet ne doit pas
être d'une couleur fausse , mais vive comme
cinabre, rose , ponceau , couleur de feu , etc.

Ceux qui ne sont point tout d'une couleur
sont appelés bizarres ; ils sont rayés et diver-
sifiés de trois ou quatre couleurs , et même
cinq ; les étincelants ne sont que de deux couleurs , mais toujours par raies égales ; les flam-
bés ont un fond rouge , toujours rayé de noir
ou de couleur brun foncé. On ne saurait trop
s'étendre sur la variété de chacune de ces
espèces , puisque la graine en produit sans
cesse de nouvelles; ce n'est qu'en semant qu'on
peut se procurer une quantité d'espèces variées.

J'ai eu dans une semature jusqu'à vingt qualités d'œillets jaunes, mais il s'en est peu
trouvé à feuilles rondes. Je parlerai plus loin
de la manière de faire la graine et de l'œillet
que l'on doit conserver pour la faire ; je vais
indiquer la manière de faire les marcottes.

Lorsque vous trouverez dans votre semature quelques belles espèces qui méritent de
fixer votre attention , vous vous procurerez
une certaine quantité d'ardoises , et après avoir
bien dépouillé et nétoyé votre plante vous
ferez votre incision au troisième ou quatrième
nœud ; pour l'enterrer lorsque l'incision sera
faite , vous mettrez vos ardoises tout autour
de la marcotte en forme de petite caisse , et vous
aurez soin de mettre à l'incision un morceau
de feuille d'œillet pour tenir la fente ouverte ,
et une petite poignée de bon terreau mêlé avec
de la terre bien passée ; vous ajusterez vos
marcottes de manière qu'elles ne soient point
gênées ni couchées.

C'est un grand défaut de coucher les tiges
dans la terre : souvent on écaille celles du
pied , ce qui est cause que la marcotte lan-
guit et périt infailliblement. Lorsque mes tiges
destinées a être marcottées ont huit à dix
nœuds depuis la bas du pied jusqu'au cœur de
l'œillet , et que l'œillet est beau , j'ai l'habi-
tude de me le conserver ; je me sers alors de
gobelets de fer-blanc soutenus par deux pivots
de bois , de cette manière je suis sûr de réussir , au lieu qu'en enterrant toute cette tige ,
les pluies et l'humidité la pourrissent , ce que
j'ai éprouvé plusieurs fois , faisant faire mes

marcottes par des jardiniers qui ne connois-
saient pas l'art de cultiver cette plante.

Dès que vous connaîtrez la qualité de vos
œillets , vous les marcotterez de suite pour les
mettre de bonne heure en vase, se servant à
cet effet de bon terreau préparé. Que le vase
soit assez grand pour pouvoir en contenir trois,
tellement que s'il en périt une , votre vase se
trouve tout garni pour le printems prochain ;
faites toujours en sorte de laisser trois doigts
de vide à votre vase pour qu'on y puisse mettre du fumier moitié pourri , faisant attention
de ne pas mettre un fumier nouvellement
sorti de l'écurie ; en vous servant de ce fumier
vous risqueriez de faire périr vos jeunes plantes.
Ce fumier étant trop violent, brûle par son sel
vos jeunes plantes, ce qui arrive très-souvent ;
au lieu que le fumier moitié pourri leur donne
plus de fraîcheur et ne leur est point nuisible.

Sur la fin d'octobre vous dépoterez vos plantes avant de les rentrer , les nétoyant, ôtant
toutes les petites tiges, ne laissant que les plus
fortes , enlevant les feuilles sèches et ayant
soin que, lorsque vous dépotez la plante , la
terre de votre vase soit plutôt sèche qu'humide. Ayez soin d'avoir des vases dont le trou
soit de la largeur à y mettre le pouce, pour
que vous puissiez pousser la terre par cette
ouverture et dépoter sans déranger votre plante,
et l'enlever avec plus de facilité.

Prenez ensuite un couteau , coupez vos racines deux ou trois doigts autour de votre
plante ; mettez de nouvelle terre avec une
couche de deux doigts de bon fumier consumé ; arrosez-les ensuite, évitant de les mettre,

au soleil pendant près de huit jours , vous les y exposerez ensuite et ne les fermerez que lorsqu'ils auront essuyé la première gelée. Plus l'œillet reçoit les premiers froids mieux il se conserve dans la serre ; s'il n'étoit à craindre de perdre le vase par la gelée il seroit préférable de les laisser dehors , mais pour éviter cet inconvénient , il faut les enfermer dans un endroit plutôt froid qu'humide.

Dans un lieu chaud , les œillets blanchissent , s'effilent et sont sujets à monter, ce qui les fait périr immanquablement.

Lorsque vous sortirez vos vases , mettez-les dans un endroit frais pendant quinze jours. Qu'ils voient à peine une heure de soleil , jusqu'à ce qu'ils aient pris leur vert naturel ; souvent il arrive que lorsque vous sortez vos vases , vos plantes ont blanchies et ont déjà formé des montants ; vous croyez que ce sont des œillets précoces , tandis que ce ne sont que des nœuds qui se forment et produisent plusieurs fanes ; votre œillet monte alors , s'effile , et ne porte qu'une très - petite fleur qui dénature votre plante ; voilà l'effet sur une plante qui passe l'hiver dans un endroit trop chaud.

Manière de cultiver les œillets pour faire la graine.

Lorsque vos œillets commenceront à s'ouvrir vous les mettrez à l'abri de la pluie sous un amphithéâtre : cet amphithéâtre doit être placé au nord pour que le vent flotte sur vos œillets , et de manière qu'ils reçoivent deux à trois heures de soleil levant ; vous les nétoyerez alors tous les jours en ôtant les fanes ou feuilles mortes. Nous avons souvent des œillets qui se crèvent d'un côté ; ce défaut provient de ce que l'envelope du calice qui est trop foible ne peut contenir sa trop grande quantité de pétales.

Il est malheureux d'avoir cette qualité d'œillet. Souvent ce sont les plus gros et les plus beaux qui sont trop fournis, ce qui les fait jeter ; cette qualité est sujette à ne pas porter graine, ce qui désole souvent le fleuriste, parce qu'é-tant ouvert, toute la poussière de l'étamine se perd, ne séjourne point dans le fond du calice et ne peut féconder. Pour remédier à ce défaut, ouvrez votre calice à l'opposé, et même presque tout autour selon le besoin ; tâchez de refermer cette grande ouverture par le moyen d'une aiguille et du fil, dont vous entourez le calice, l'arrêtant à la partie la plus forte ; par ce moyen votre œillet se trou-vera parfaitement coiffé.

Il m'est souvent arrivé d'avoir eu en diffé-rentes saisons des œillets qui n'avaient pas le défaut de se crever, et j'ai remarqué que ce n'était pas le défaut de l'œillet, mais plutôt le tems qui y contribuait ; je l'ai surtout éprouvé lorsque les boutons sont au trois quarts de leur grosseur, qu'ils sont en retard d'avancer, qu'ils souffrent par la grande chaleur, et qu'ils reçoivent une pluie chaude et abondante ; l'œillet travaille alors et pousse avec plus d'ac-tivité, ce qui cause la faiblesse de votre calice.

Lorsque votre tige est forte et bien nourrie, laissez-y deux ou trois montants pour avoir trois ou quatre œillets qui puissent servir à porter graine en cas que le premier bouton vienne à manquer ; et pour que vos vases soient toujours d'un beau vert il faut les arroser souvent et légèrement, ayant soin de leur ôter les feuilles jaunes ou sèches, et lorsqu'ils seront en fleurs, qu'ils ne marqueront point la paresse du fleuriste, vous les disposerez comme il suit : sur le premier gradin vous placerez vos vases d'œillets jaunes, comme canaris, orange, paille, nanquin, jaunes rayés de violet, jaunes rayés de rose, rayés de cramoisi, etc. sur le second, toutes les couleurs les plus vives : comme couleur de rose, incarnat, rouge, couleur de feu, violet, ponceau et semblables ; sur le troisième, les picquetés à fond blanc, les bizarres colorés de deux lames rouges fond blanc, autres bizarres de trois couleurs raies roses, violet, blanc de lait, rouge, couleur de chair ou cuisses de nymphes, etc. sur le quatrième les mêmes qualités qu'au second. De cette manière vos œillets sont préparés à recevoir l'étamine des autres. Vous ferez pencher les œillets du second et du quatrième gradin sur ceux du troisième et du premier, de sorte que l'étamine joue mutuellement dessus.

Vous choisirez les œillets qui sont garnis de plus d'étamines : pour bien les connaître, on fera attention qu'ils soient garnis d'un sommet blanc et d'un pistil qui se termine par deux ou trois filamens, sortant d'un calice cylindrique, écailleux vers le bas, membraneux, dentelé dans le haut ; le pistil se change en un fruit cylindrique, s'ouvre à l'extremité et enveloppe dans le calice de petites graines plates, blanches dans leur naissance, et noires dans leur maturité.

On choisit ordinairement pour faire la graine les œillets dont les couleurs sont les plus vives et les plus doubles ; j'entends doubles, que l'œillet soit bien garni de pétales, car on les appelle proprement semi-doubles (1).

Ce sont les fleurs dont on retire la meilleure graine, et l'on sait que la plupart des fleurs ne doublent que par la conversion des étamines en pétales. Il faut donc soigneusement ménager les antennes du peu d'étamine qui reste dans une fleur, afin qu'il y ait une quantité suffisante de poussière pour la féconder.

Il faut écarter de l'œillet tous les insectes qui tendent à altérer la fleur, empêcher sa fécondation, nuire à sa beauté, ou dévorer sa graine.

Pour bien réussir à faire votre graine vous arroserez souvent vos vases ; lorsque vos œillets sont à trois quarts passés, que vos pétales sont fanées, ôtez-les de dessous votre amphithéâtre pour leur procurer un air plus vif, et placez-les dans un lieu où ils ne puissent recevoir que trois ou quatre heures de soleil, surtout le soleil levant. Dans le cas où ils auraient reçu un jour ou deux de pluie, vous remettriez soigneusement vos vases sous l'amphithéâtre et secoueriez la tige pour que l'eau ne séjourne

----

(1) L'œillet double est celui qu'on appelle ordinairement œillet à carte, nommé ainsi parce qu'il est soutenu par un carton qui relève la grande quantité de pétales qu'il contient.

point dans le calice, ce qui ferait pourrir votre
cylindre où la graine se forme en ce moment ;
pour mieux parvenir à la conserver, vous prendrez un morceau de fil que vous attacherez au
bas de la tête de votre calice, faisant incliner
votre tige pour que l'eau s'écoule, arrêtant
votre fil au pied de la plante, ce qui en facili-
tera l'écoulement ; vous ôterez petit à petit les
feuilles ou pétales en les arrachant du calice à
mesure qu'elles sèchent ; par ce moyen votre
cylindre ne pompe pas l'humidité qui le fait
pourrir ordinairement. Cette opération étant
faite vous remettrez vos vases au grand air
comme ci-dessus, et vous ne craindrez point
que les pluies offensent votre graine.

Vos œillets, quoique sous l'amphithéâtre,
ne sont pas encore entièrement à couvert de
tout accident ; il faut encore que l'œil du fleuriste soit continuellement porté sur eux, c'est
ici même où il a le plus à craindre de perdre
le fruit de ses travaux.

Ces fleurs sont tourmentées par un papillon
sphinx très commun dans nos climats, qu'on
appelle le *sphinx du Caille-lait.* (1) Il vole avec

---

(1) Le corps de ce sphinx a tout au plus treize
lignes de longueur ; il est très-épais, couvert de
poils longs et touffus ; le dessus est brun, la partie
postérieure mélangée de poils blanchâtres ; sur les
côtés, et à l'extrémité de la queue, il y en a de
noirs : les yeux sont bruns, les antennes brunes, un
peu plus claires en dessous ; les ailes supérieures sont
brunes, traversées de quelques bandes noires, les
inférieures sont d'un jaune souci, bordées de brun.

Vu en dessous, la tête et le corselet sont couverts
de poils gris et blancs ; ceux de la partie postérieure

beaucoup de rapidité , et long - tems sans se fatiguer ; on en trouve depuis le mois de mai jusqu'à la fin d'octobre ; il se réfugie le soir dans les lieux couverts, et quand le froid arrive , jusque dans les maisons.

Il tourmente continuellement l'œillet dans lequel il enfonce sa trompe , détache les pétales , le déforme , le flétrit , et nuit à la fécondation ; le seul moyen de détruire cet insecte est d'en faire la chasse le gros du jour , avec la poche de gaze ou filet dont on se sert communément pour la chasse des papillons. On se servira de ce même moyen pour se débarrasser d'un insecte plus dangereux encore dont je vais parler.

Cet insecte est une abeille bourdon de la plus grosse espèce. Elle est très - bien peinte sous le nom d'*apis fidens* (1).

Cet insecte s'accroche à la fleur , l'entraîne par sa pesanteur , la détruit en s'insinuant entre les pétales jusques dans le fond du calice

---

sont blancs et noirs; les pattes sont blanches; les ailes supérieures sont brunes du côté du bord extérieur ; le reste est d'un rouge brun. Les inférieures l'ont en entier de cette couleur, excepté le bord d'en bas qui est d'un jaune paille.

(1) Voyez dans Harris planche 38, figure 3.

Sa longueur est d'environ un pouce, sa largeur cinq lignes, elle est très-velue, noire, le haut et la base du corselet ont une bande de poils jaune-citron; les deux tiers de l'abdomen sont noirs, le surplus citron , et terminé par des poils blancs; les ailes sont brunes. La piqûre du mâle est très-vénimeuse , celle de la femelle l'est moins.

pour en tirer le nectar et composer le miel et la cire ; il nuit à la fécondation autant qu'à la beauté de la fleur.

L'œillet a beaucoup à souffrir de l'insecte appelé perce - oreille (1) ; il le dévore, et pénètre dans l'intérieur du calice où il se cache pendant le jour ; le meilleur moyen de le détruire est de planter le long de la tige de l'œillet des baguettes de cannes, soit du *sorgo à balai* dont on a coupé le nœud de manière à y laisser un chalumeau vide afin que l'animal puisse s'y cacher ; il s'y logera et l'on est sûr de l'y trouver pendant le jour.

La fourmi nuit aux œillets ; elle est friande du nectar qui se trouve renfermé dans les pores nectarifères à la base des pétales : dès qu'une a frayé la route, on sait que les autres la suivent et la fleur en est bientôt remplie. Le ca-

---

(1) *Le forficula auricularia* ou perce-oreille, est long de sept lignes, large de deux ; il est très-commun : sa tête est de couleur brune ainsi que ses antennes qui égalent la moitié du corps ; le corselet est plat, noir avec des rebords élevés ; les étuis sont d'un gris un peu fauve, ainsi que le bord des ailes, qui déborde les étuis ; le ventre est brun, le dernier anneau est large avec quatre éminences, une sur chaque côté et deux au milieu ; elles servent à soutenir deux longues pinces dures formées en arc dont les pointes se touchent et ont intérieurement plusieurs dents. Il paroît vouloir se défendre avec ses pinces, mais elles ne sont pas formidables, n'étant pas assez fortes pour produire un effet sensible. La larve diffère peu de l'insecte parfait ; on la reconnoît à l'absence des ailes, au défaut de l'ossification des parties extérieures et à sa couleur moins foncée.

ractère distinctif de la famille des Caryophi-
lées de Tournefort, dans laquelle est l'œillet
est d'avoir la graine attachée à un placenta py-
ramidal au milieu de la capsule ; la fourmi
détruit entièrement la graine à mesure qu'elle
se forme et laisse la pyramide nue.

Le meilleur moyen de les détruire est de
suspendre à une baguette, très - proche de la
plante, une petite fiole enduite intérieurement
de miel, où l'on jettera une bonne pincée d'antimoine avec très-peu d'eau, remuant bien le
tout : la fourmi, attirée par le miel, s'empoi-
sonnera avec l'antimoine.

Un insecte très-connu et facile à détruire
est aussi l'ennemi des œillets, c'est celui qui
est connu sous le nom de l'*émeraudin*. Il est
très commun sur les roses, les fleurs de su-
reau, celles d'oignon et généralement sur tous
les ombélifères. (1) Cet insecte fouille très-

------

(1) L'émeraudin a été décrit ou dessiné par presque
tous les entomologistes : il est nommé par Fabricius
Cetonia aurata.

Il est de la longueur communément de neuf lignes
sur cinq de large, tout son corps est vert luisant,
souvent bronzé, mêlé en dessous d'une teinte rouge
semblable à du cuivre bien poli ; il ressemble assez
pour la forme au hanneton ; mais ce qui le distingue
est un avancement que forme le corselet en dessous
du côté de la tête.

Geofroi prétend que la larve de cet insecte attaque
les racines des arbres et des plantes ; cependant
M. Degéer, qui l'a observé très-attentivement, et
qui entre dans les plus grands détails sur cet insecte,
dit qu'on trouve la larve dans les fourmillières,
sur-tout de la fourmi des bois, qu'elle se nourrit

profondément la fleur de l'œillet, en détache les pétales, de sorte que quand il sort il laisse l'empreinte de la place qu'il occupait, et la fleur est défigurée. Il nuit aussi à la fécondation et à la formation de la graine ; il est très-aisé de le détruire, on peut se servir à cet effet de petites pinces ; il est gros, presque immobile pendant le jour, et ne fait aucun mal, sauf que quand on le presse il jette par l'anus une liqueur comme une bouillie blanche, d'une très-mauvaise odeur : si on le jette en l'air il étend promptement ses ailes et s'envole.

Cet insecte ainsi que le papillon sphinx ne font leur ravage que le gros du jour.

Manière de faire les boutures et d'augmenter les qualités d'œillets.

Vous numéroterez toutes les qualités de vos œillets dans le commencement d'avril, selon le tems de la végétation ; si vos pieds produisent beaucoup d'œilletons il faut les dégarnir et ne laisser que les plus forts pour ne pas charger la plante, parce que moins il y en a, plus ils sont beaux. Parmi ceux que vous aurez arrachés vous pourrez en choisir pour faire des boutures.

L'œilleton devra avoir deux pouces et demi de hauteur depuis le nœud jusqu'au bout de la fane ; vous choisirez celui dont le bas est plat;

---

de terreau gras et humide, et celles qu'on trouve ailleurs se nourrissent de terreau, de feuilles et de branches à demi-pourries.

après l'avoir détaché de la tige et affranchi où vous devez faire l'incision, qui est depuis le bas jusqu'au premier nœud, vous couperez la fane de dessus votre bouture de la longueur d'un travers de doigt. Votre bouture étant préparée vous prenez de la terre de ver, qui se trouve dans les lieux humides, gros comme un petit pois, que vous presserez entre deux doigts pour la faire entrer dans l'incision ; vous la planterez dans un vase que vous aurez rempli moitié terre et moitié terreau bien mélangé : vous mettrez votre vase dans un endroit frais à l'abri du soleil, l'arrosant un peu chaque jour ; au bout de la quinzaine, dès que vous apercevrez vos fanes s'élargir et prendre un beau vert, vous leur donnerez une heure de soleil le matin, vous les y accoutumerez insensiblement jusqu'a ce que vous les voyez pousser et grandir et qu'elles aient doublé en grosseur.

Il s'en trouve souvent qui forment un dard pour porter une fleur qui ne donne jamais rien de bon ; si vous n'avez soin de la pincer aussitôt que vous vous apercevrez qu'elle monte vous risquerez de la perdre ; faite toujours cette opération à la distance de quatre feuilles du pied de la bouture ; ayant cette précaution il poussera plusieurs œilletons autour, alors elle formera une belle plante pour l'année d'après.

On remarque aussi, et très-souvent, qu'après quelques jours d'arrosage la terre s'affaisse et que les boutures se trouvent par là dégarnies de terre ; pour obvier à cet inconvénient on aura soin d'en remettre un peu.

Lorsque vos boutures auront doublé en grosseur , vous préparerez un endroit en pleine terre pour les transplanter ; puis avec un couteau vous couperez la terre autour de votre bouture pour la prendre en motte et la planter dans votre terrain préparé et l'arroser deux ou trois jours de suite.

Il faut observer , lorsque vous ôtez vos œilletons , de ne prendre que ceux qui ont végété depuis la sortie des vases ; il peut s'en trouver de plus forts qu'on détache du pied de la plante et dont le bas se trouve rond ; ce sont des œilletons qui ont poussé dane l'hiver et qui ne sont guère propres à faire des boutures, car il est rare qu'ils réussissent ; quant aux marcottes il n'y a point de tems fixe pour les faire , on peut commencer avant que les œillets soient en boutons, surtout connoissant les qualités par les numéros ; j'en ai fait sur le même pied en trois fois différentes dans le courant de l'année , de même que des boutures ; on peut en faire depuis le mois d'avril jusqu'au mois d'août, qui réussissent très-bien ; aussitôt que vos marcottes ont pris racine mettez - les en vase et placez - les toujours dans un endroit exposé au nord , ayant soin de mettre du terreau sur la terre ; s'il fait de grosses chaleurs vos plantes sont de même sujettes à prendre la rouille et à être attaquée par les *thrips ,* comme il est dit pour les plantes qui sont en pleine terre ; se servant pour les détruire du même moyen que vous aurez déjà employé dans cette circonstance.

Les jeunes plantes d'œillets , telles que les marcottes et boutures , sont attaquées par nn insecte que les entomologistes appellent jules (1).

Cet insecte pénètre dans la terre, se loge dans l'incision de la marcotte, ou entre les racines de la jeune plante, les ronge, les fait jaunir et même périr ; il faut visiter la plante, on l'y trouve ordinairement et on le détruit.

Vous avez souvent dans les mois de juillet et août des plantes qui forment un dard pour donner des œillets en automne, et nouent après avoir poussé une tige d'un pied à un pied et demi ; à chaque nœud il y a une feuille de chaque côté qui finit ordinairement par jaunir et sécher ; en l'ôtant souvent on la casse, parce que la feuille est trop sèche ; vous nétoyerez vos plantes, n'ôtant les feuilles ou fanes qu'après qu'elles auront reçu la pluie ; vous les enlèverez alors plus facilement et sans les casser ; en les ôtant toujours par côté, vous ne risquerez point d'enlever ou d'écorcher le bourgeon qui se trouve sous cette feuille, ni

---

(1) Cet insecte est indiqué par Geofroi sous le nom de scolopendre à trente pattes, et par Fabricius sous celui de *Julus complanatus*.

Il a huit lignes de long sur une de large ; il est brun au dessus du corps et d'un blanc sale en dessous ; la tête et les antennes sont d'un brun plus obscur, et les pattes d'un gris blanchâtre, il a en tout soixante pattes, placées par pains aux deux côtés du corps : ces pattes sont dans un mouvement continuel. Quand le jule marche, son corps est très-flexible ; il le roule dans tous les sens ; quelquefois il le tourne en spirale ; le dernier anneau se termine en pointe conique.

d'entamer

(25)

d'entamer la plante, ce qui lui porterait grand préjudice. Cette précaution est si nécessaire qu'on a toujours observé que les feuilles qui embrassent le nœud, n'étant point ôtées entièrement, sèchent, serrent le nœud de manière qu'elles étranglent cette partie et empêchent la circulation de la sève qui finit par faire périr votre tige. On peut, avec la pointe d'un canif, la développer entièrement.

Il arrive quelquefois que votre plante blanchit parce que le vase est entièrement bouché et que l'écoulement ne peut se faire ; il faut alors, pour la rétablir, la dépoter et changer de terre ; c'est un soin particulier que doit avoir le fleuriste.

Il arrive aussi que votre plante flétrit et que vous croyez que c'est défaut d'arrosage ; si en l'arrosant elle ne reprend pas, dépotez-la de suite et vous y trouverez immanquablement un ver blanc qui en aura rongé la racine. Cet insecte fait ordinairement crever toutes les plantes qu'il ronge ; il reste quelquefois trois ans en terre, et il est rare qu'il se trouve seul, c'est celui qui forme le hanneton ; il se plaît dans le fumier ; le plus souvent il y prend naissance, car j'en ai trouvé plusieurs fois en passant mon terreau. Il faut, lorsque vous garnissez vos vases de terreau, faire attention s'il n'y en a pas dedans. Malgré toutes ces précautions, le hanneton étant formé et venant à s'envoler, se jette souvent sur votre vase, s'y enterre et y dépose sa graine qui, au bout de trois mois, forme des vers.

Lorsque la plante a été attaquée de cet insecte, il faut couper de suite toutes les racines qui auront été endommagées , changer la terre , l'arroser et tenir quelques jours le vase à l'ombre , elle reprendra peu à peu sa vigueur.

Afin que le fleuriste ait moins de peine pour l'arrosage des marcottes qu'il détache de la mère , il pourra , si son terrain n'est point infecté d'insectes (1) , mettre ses marcottes dans des plate-bandes ; elles se fortifient mieux qu'en vase et ne sont pas aussi sujettes à la sécheresse ; les y laissant jusqu'à la fin de septembre , il pourra alors les prendre en mottes pour les mettre en vase.

Il me reste à prévenir le cultivateur contre les attaques de deux des plus mortels ennemis de l'œillet ; ce sont deux chenilles produites sans doute par des phalènes ; l'une est grisâtre , menue, longue d'environ un pouce ; elle s'introduit dans le calice par un trou dans lequel on peut insinuer la tête d'une épingle , perce de même le cylindre , dévore la graine qui est déjà aux trois quarts formée et ensuite s'introduit dans le cœur de la plante. C'est en ouvrant le calice et fouillant jusqu'au vif que l'on peut trouver cet insecte et s'en débarrasser.

L'autre est une chenille velue d'un blanc

---

(1) Tels que la courterole qui coupe entièrement la plante, une chenille d'un gris noir qui se trouve entre deux terres, (cet insecte est de deux tiers plus gros que celui qui détruit la graine d'œillet), et un autre insecte de la longueur de sept lignes, noir par le corps, jaunâtre sous le ventre, et le dessus du cou coloré d'un jaune de brique , qui coupe de même les plantes entre deux terres. On peut aisément les découvrir en en faisant la recherche à un travers de doigt dans terre.

sale, de la longueur d'environ deux lignes ; elle attaque les plantes à la troisième ou quatrième année, les pénètre jusqu'au centre ; s'insinue dans la moelle et la suit ; le remède est aussi d'ouvrir, de suivre l'insecte et de couper la plante jusqu'au vif. Si on ne laisse pas à l'insecte le tems de faire de grands ravages, la plante se rétablit. Je ne peux pas donner une description plus exacte de ces deux insectes ni indiquer les auteurs qui en ont traité, n'ayant pas pu observer l'insecte parfait (1).

Lorsque vous connaîtrez quelques qualités d'œillets complaisants qui portent souvent dans l'année, à l'approche du printems vous en pincerez le montant, s'il a quatre ou cinq pouces de tige, afin qu'il fasse des rejetons pour donner des fleurs en automne ou en hiver, de même si vous avez un vieux pied

______

(1) Lorsqu'on aura fait une incision quelconque sur une plante d'œillet, soit pour empêcher le progrès de la maladie du chancre, soit pour ôter une partie de la plante qui pourrait être pourrie, on se servira pour la préserver de périr, de terre glaise bien liquide dont on frottera l'endroit où aura été faite l'incision ; et pour que le soleil n'en sèche pas l'intérieur, qui par fois se trouve très mince ; on en mettra au dessus l'épaisseur de deux lignes, de même lorsqu'on nétoie les œillets après que les fleurs sont passées et que l'on en coupe tous les dards ou tiges, il se forme par la suite un trou dans le bas du dard coupé, et ce trou reçoit la pluie qui s'insinue dans le pied de la plante, ce qui la fait souvent périr ; on mettra de cette terre glaise qui la préservera facilement.

qui veut faire une seconde portée vous faites la même opération.

Je n'ai parlé ici que des œillets semi-doubles qui font beaucoup plus d'effet que ceux à cartes, qui donnent moins de peine et flattent beaucoup plus la vue par leurs variétés. Il est plus agréable, lorsqu'on veut faire un bouquet, d'avoir à choisir sur plusieurs espèces plutôt que sur deux ou trois vases de ceux à cartes, qui deviennent embarrassans par la suite, d'autant plus que ces fleurs souffrent de la moindre humidité et sont sujettes à recevoir des coups de soleil qui les fanent et les flétrissent dans une journée : on voit par là ses peines perdues sans avoir joui de leur beauté, outre qu'elles sont tourmentées par les perce-oreilles qui coupent les feuilles, se cachent sous la carte et font périr l'œillet.

On trouve souvent dans la graine des semi-doubles cette espèce d'œillet ; ce n'est qu'en semant que l'on peut s'en procurer de plusieurs espèces : il ne se passe pas d'année que je n'en trouve sur une semature de six cents plantes, au moins une quinzaine de qualités. Si je vois que le bouton est bien carré dans le dessous, qu'il s'élève et s'allonge de la grosseur d'une petite noix, je marcotte la plante et la cultive une année ou deux, jusqu'à ce que j'en trouve une qualité supérieure.

Pour juger de la beauté de cet œillet, il doit avoir les pétales bien larges, rayés de couleurs vives, ou tout d'une couleur, n'importe qu'il soit à feuilles rondes ou dentelées, ce n'est que sa largeur qui le rend supérieur aux autres. J'en ai quelquefois trouvé

de quinze pouces de tour et qui prove-
naient de ma semature.

L'œillet le plus estimé est celui qui a une
trompe ou dôme dans le milieu ; le bouton
qui forme cette houpe est enveloppé d'une
pellicule qu'on a soin de fendre et d'enlever
pour que la houpe s'élargisse et garnisse l'œillet ; il faut encore que la tige soit assez forte
pour qu'elle puisse supporter sa fleur ; car on
ne doit faire cas d'une plante dont la tige est
faible et qui ne peut porter sa fleur. Pour la
fortifier on aura soin , lorsque le dard s'élèvera ,
d'en ôter les boutons à mesure qu'ils paraîtront,
ne laissant que le bouton principal ; aussitôt
qu'il aura acquis toute sa grosseur , qu'il
commencera à crever , vous l'aiderez à se
développer pour qu'il ne se gâte pas , le fen-
dant à cinq endroits ; autrement les feuilles
ne sortent que d'un côté , s'effilent , deviennent
plus grandes que les autres et sont sujettes à
se tortuer , ne pouvant se tenir à plat sur ce
carton , ce qui fait que l'œillet n'est plus aussi
beau. Dès que les feuilles commencent à se
colorer , et qu'elles ont à peu près un pouce
hors du calice , il est tems de leur mettre le
carton , étendant les feuilles dessus. Pour
coiffer et arranger les fleurs du centre , vous
prendrez un morceau de bois que vous appla-
tirez , de sorte qu'il soit bien uni pour ne pas
froisser la fleur et ternir l'œillet , ce qui arrive
lorsqu'on le range avec les doigts ; aussitôt que
les cartons seront mis à vos œillets , vous
mettrez vos vases sous l'amphithéâtre , les
laissant au grand air , la rosée leur serait préjudiciable et gâterait en même tems le carton.

Manière de cultiver et semer les renoncules.

Le climat de la Savoie étant très-propre à la culture des renoncules , on peut se passer d'en faire venir les graines et les pattes de l'étranger. Pour réussir à en faire une bonne récolte et en diversifier les couleurs , vous ramasserez la graine des couleurs les plus vives et les plus délicates , les laissant bien mûrir ; ensuite vous préparez un terreau composé de fumier de vache et de terre à potager autant fraîche qu'il sera possible , et en égale quantité.

Ayez des caisses de deux pieds de long sur un et demi de large , et demi de profondeur , pour avoir plus de facilité à les remuer et les transporter à l'endroit que j'indiquerai ci-après ; vous sèmerez vos graines dans ces caisses et prendrez du terreau de vache bien consumé que vous aurez soin de mettre par-dessus , de l'épaisseur d'un demi-pouce , le pressant un peu avec la truelle ; vous placerez vos caisses près d'un mur afin qu'elles reçoivent le soleil levant jusqu'à midi ; pour l'arrosage de ces caisses il faudra prendre les précautions nécessaires afin de ne pas déterrer ou trop enterrer la graine ; vous prendrez conséquemment une poignée de paille dont vous ferez un petit balai ; vous le tremperez dans l'eau et le secouerez un peu pour en ôter la plus forte eau , puis le secouerez ensuite sur vos semis deux ou trois fois ; vous vous procurerez aussi des paillassons pour couvrir vos caisses en cas de grosses pluies qui occasionneraient la perte de votre sematuré et détruiraient tous les soins que vous auriez pris pour vous la conserver ; le soir vous ôtez vos paillassons lorsque la pluie a cessé pour qu'elle reçoive la rosée du matin. Votre arrosage doit se faire tous les jours au coucher du soleil. Au bout de trois mois, lorsque les feuilles commencent à jaunir, qu'elles sont prêtes à sécher, vous transportez vos caisses dans un lieu sec, ayant soin de les couvrir avec des planches pour que rien ne puisse les endommager.

Dans le mois de mars, lorsque le tems sera beau, qu'il ne gêlera point, vous replacerez vos caisses ccmme ci-dessus, mettant un travers de doigt de terreau au dessus, et suivant la même opération que l'année precédente, jusqu'à ce que vos semis soient entièrement mûrs, ce que vous connaîtrez lorsque vous verrez les feuilles sécher ; alors vous les arracherez bien proprement pour les mettre l'année d'après en pleine terre dans un bon terrain passé à la grille : c'est alors que vous commencerez à jouir en apercevant des qualités que vous ne connaissez pas encore. Ce n'est qu'en prenant tous ces soins que vous pourrez vous en faire une grande collection.

La culture de cette plante ne diffère guère de celle de l'œillet, ayant toujours dans la semature des doubles et semi-doubles.

Pour bien réussir à la culture des renoncules vous choisirez un terrain ni trop fort ni trop faible, qui soit bien fumé, et qui ait reposé au moins cinq mois avant de planter vos pattes ; que le terrain ne soit pas humide, le fumier bien pourri et bien mélangé avec la terre pour que , faisant votre labour , vos renoncules ou griffes ne puissent rencontrer le fumier seul qui les ferait pourrir. Il faut même labourer deux fois vos plate-blandes , ce qui adoucira votre terrain. On a encore l'avantage , par ce mélange , de voir profiter beaucoup plus vîte les renoncules : vous les planterez à la mi-janvier ou en février , comme le tems pourra le permettre. La meilleure méthode que l'on emploie pour faire cette plantation , c'est de faire une raie de trois ou quatre pouces de profondeur , ensuite vous posez votre griffe sans l'enfoncer beaucoup dans la terre , la serrant en bas avec l'extrémité des cinq doigts pour qu'elle ne se dérange et ne s'écaille point en l'enterrant ; ayant cette précaution, la griffe ne sera point gênée et poussera plus aisément. Il arrive souvent qu'elles périssent par suite des grandes pluies qui ont lieu en février et en mars , et qui affaissent la terre et empêchent leur végétation ; vous voyez alors sortir les feuilles de vos renoncules jaunes et mêlées de rouille , ce qui dénote que vous n'aurez pas une belle griffe bien nourrie ; il faut vous en défaire , car, maigre et sèche , en la replantant elle finirait par périr.

Lorsque vous aurez planté vos griffes , vous unirez bien la terre avec un rateau et mettrez de suite dessus du bon fumier à moitié pourri ; ce qui les préservera de la gelée et du dégel qui entr'ouvrent la terre et font souffrir les plantes , car souvent s'il survient une seconde gelée , elles périssent.

Le dégel ne leur est pas moins nuisible ; ce tems doux occasionne toujours l'arrivée d'une quantité d'insectes que l'on voit courir sur la terre ; ils se cachent dans les ouvertures et souvent attaquent vos pattes et les font périr ; il ne faut donc point épargner le fumier pour les conserver. Dès que vos renoncules commencent à pousser et quelles ont près d'un pouce hors de terre, ôtez votre fumier pour que les feuilles ne blanchissent pas. Après les premières pluies chaudes sarclez vos renoncules, ôtez-en la mauvaise herbe qui pourrait les étouffer ; lorsqu'elles auront soif, que vous verrez les feuilles perdre leur vert naturel vous les arroserez légerement, ne les fatiguez point par la grande quantité d'eau ; après avoir arrosé de cette manière toutes vos plate-bandes, vous réitererez votre arrosage, recommençant toujours par la première ainsi de suite ; ne les arrosant qu'une fois vous brûlez la plante, et la terre ne prend jamais la première fois l'eau que vous lui donnez ; surtout n'arrosez qu'après le coucher du soleil et au moment où la terre commence à reprendre sa fraîcheur, différemment cet arrosage leur serait nuisible et leur ferait venir la rouille, ce qui arrive plus ordinairement au lever du soleil lorsque l'on prend ce tems pour les arroser : dès qu'elles seront en fleur elles n'exigeront plus ce soin ; on en fera seulement la visite pour donner la chasse à une petite sauterelle qui mange tout le tour de votre fleur et qui la dénature.

Le limaçon fait encore de même : on peut le prendre sans beaucoup de peine, ayez seulement la précaution, au coucher du soleil, de vous munir de feuilles de choux que vous mettrez entre les lignes de renoncules, vous les enleverez le matin et les verrez garnies de cet insecte ; par ce moyen vous conservez vos fleurs.

Aussitôt que vos renoncules sont mûres, que les feuilles sont presque sèches, il faut les arracher, ayant soin que ce soit dans un tems où la terre se trouve un peu humide pour qu'il soit plus facile à apercevoir vos caïeux.

Vous étendrez vos griffes dans un endroit où l'air joue, ayant soin de les remuer souvent pour qu'elles sèchent et ne moisissent pas. Observez bien lorsque vos griffes sont sèches de ne point en arracher les tiges ; il faut les couper à deux lignes près de la griffe ; les arrachant vous risquez d'enlever le bouton qui doit porter des fleurs pour l'année d'après ; surtout évitez que les rats ne les mangent, car ils en sont fort avides.

Pour avoir des renoncules en tout tems et surtout en septembre, on choisira un endroit frais propre à ne recevoir que trois ou quatre heures de soleil par jour. On plantera ses griffes à la mi-juillet à quatre pouces de distance les unes des autres, pour en avoir plus tard en fleur. On pourra les mettre en vase dans le mois d'août ; elles sont alors plus tardives à porter ; il faudra aussi que vos griffes aient reposé une année. Vous mettrez vos vases dans un endroit frais pendant un mois, et aussitôt que vos renoncules seront levées vous placerez vos vases au midi, les arrosant tous les trois jours après y avoir mis un doigt de terreau dessus.

Un autre moyen plus facile et plus sûr d'a-
voir des vases bien garnis, c'est de choisir dans
votre jardin un endroit exposé au soleil levant,
ne le recevant que la moitié de la journée;
vous y préparerez une petite plate-bande et
planterez vos griffes comme vous le faite à la
mi-juillet, les arrosant souvent. Aussitôt que
vos renoncules marquent le bouton prenez-les
en motte avec la truelle et mettez-les en vase;
vous pourrez même mettre quatre à cinq plantes dans chaque vase, selon sa grandeur; ne les
exposez au midi qu'après les avoir laissé trois
ou quatre jours à l'ombre et arrosez-les de tems
en tems.

La pivoine est une qualité de renoncule dont
la fleur est rouge : elle est plus précoce que
cette dernière et fait un meilleur effet dans le
vase. Sa fleur est de plus longue durée et se
ferme la nuit ; nous avons encore pour mettre
en vase en automne et en hiver, l'anémone qui
donne beaucoup de fleurs et qui est moins sujette à en manquer; il faut avoir soin que vos
renoncules pivoines, et anémones aient reposé
une année ; il faut aussi faire tremper vos
griffes dans l'eau avant de les mettre en terre
pour faciliter la végétation.

On se procurera des variétés dans les anémones en suivant l'indication que j'ai donnée
ci-dessus pour les semis ; elles se plantent aussi
de meilleure heure que les renoncules.

La pivoine étant une fleur précoce, c'est la
première qui paraît dans un parterre; on la
plante ordinairement en octobre dans une plate-
bande exposée au midi et le long d'un mur, la
couvrant d'un peu de fumier moitié pourri ;

lorsque le froid commence à devenir plus rigou-
reux couvrez-les d'un paillasson ; si le soleil
paraît et qu'il soit chaud , vous l'ôtez et le
remettez demi-heure avant son coucher ; vous
pouvez planter dans le même tems vos anémones.

Si vous avez des hyacinthes, vous pourrez
aussi en mettre dans votre plate-bande ; si elle
a quatre pieds de largeur vous ferez alors
de petites tables de trois pieds , et leur longueur sera la largeur de votre plate-bande ;
vous faites donc une petite table d'hyacinthes,
une de pivoine , et une d'anémones ; à mesure
que vos hyacinthes commencent à passer, vos
pivoines ainsi que vos anémones fleurissent ;
par ce mélange vous avez presque toute votre
plande-bande en fleur, ce qui produit un triple
effet très-agréable à la vue.

Je ne connais point d'auteur qui donne la
vraie manière de semer les renoncules ; je suis
sûr que ceux qui ont parlé des semis n'en ont
point pratiqué la culture. J'en ai même lu plusieurs qui disent que l'on doit semer cette
graine en pleine terre comme celle d'épinards,
exposée à toute la température de la saison , ce
qui leur est au contraire très-préjudiciable,
cette plante étant la plus délicate que je con-
naisse. Que l'on essaie la manière que je viens
d'indiquer , et l'on verra par l'expérience si ce
n'est pas la meilleure.

Si l'amateur veut jouir plus long-tems du
fruit de ses travaux il faut qu'il fasse faire des
paillassons pour en couvrir ses tables lorsqu'elles sont en fleurs , et les préserver par ce
moyen de l'ardeur du soleil et des fortes pluies

qui les couchent et les gâtent ; vous prendrez
quatre piquets que vous placerez au quatre
coins de votre plate-bande , ayant soin que les
deux qui regardent le soleil soient plus courts
que les deux autres ; vous y attacherez deux
perches de la longueur de la plate-bande , puis
vous placerez les paillassons au dessus ce qui
formera un toit , ne les mettant que lorsque le
soleil commencera à donner un peu de chaleur,
c'est-à-dire dès neuf à dix heures du matin, et
les ôtant sur les cinq de l'après midi.

Des Narcisses et Hyacinthes.

LES narcisses et hyacinthes sont très-diffici-
les à cultiver dans un pays froid ; je vois avec
peine que les soins que l'on s'est donné et que
l'on se donne encore sont superflus, on ne peut
guère obtenir des succès dans cette culture que
par de grandes dépenses, si l'on veut avoir du
beau ; il faut même en recommencer la culture
au moins tous les deux ans, car l'on ne jouit
de la beauté de ces fleurs que la première année;
la seconde , la troisième et la quatrième elles
dégénerent totalement ; plantant un oignon de
narcisse, il nous donne la première année neuf
à dix clochettes de fleurs, la seconde quatre à
cinq , la troisième deux à trois , enfin la quatrième on n'en aperçoit presque plus qu'une.

Quant aux hyacinthes nous ne pouvons en
garder que de quelques espèces, nous conten-
tant d'un tiers de leurs clochettes et la moitié
de leur grosseur naturelle ; elles perdent aussi
leur couleur et deviennent toutes communes
au bout de quelque tems.

Les tulipes font à peu près le même effet ; elles perdent aussi leur couleur et leur grosseur ; il ne faut pas à cet oignon, ainsi qu'à celui d'hyacinthes, un terrain froid, glaireux, humide, pierreux, aride, maigre et fort ; mais bien comme dit un Auteur, un terrain sabloneux, substantiel, frais sans être humide, et léger sans être aride. Lorsque nous arrachons nos oignons il ne faut pas que la terre y reste attachée, ce qui arrive lorsqu'elle est très-forte, on écorche bien souvent l'oignon, ce qui le fait pourrir. Pour éviter cet inconvénient il faudra avoir soin en plantant vos oignons de faire une raie de trois ou quatre pouces de profondeur, et préparer du sable le plus fin que vous pourrez trouver, ayant soin de bien le laver pour en ôter l'acreté ; vous en mettrez de l'épaisseur d'un pouce tout le long de votre raie, couchant vos oignons de manière qu'ils penchent contre le nord ; vous mettrez encore un peu de sable par dessus et finirez de les couvrir de terre ; vous les préserverez par là de pourir. Que l'emplacement que vous choisirez pour cette plantation soit exposé au midi, et la terre bien passée à la grille et mêlée avec du terreau moitié pourri ; malgré toutes ces précautions nous en perdons encore une grande quantité par la pourriture, cela provient de ce qu'en coupant la fleur il reste encore à votre plante une tige qui est creuse où la pluie s'introduit et filtre dans l'oignon ; on peut remédier à cet inconvénient en se servant d'un crochet pour la coucher, de manière que l'eau ne puisse y séjourner.

Lorsque les oignons seront bien mûrs, que

vous verrez les fanes bien sèches, vous les arracherez, choisissant le moment où le terrain est bien sec ; vous les étendrez dans un endroit où l'air joue. Si vous voulez augmenter votre production en oignons il ne faut point détacher vos caïeux de la mère, car ils profitent et grossissent bien plus vîte y étant attachés ; il est vrai que la fleur n'en est pas aussi belle, et souvent votre oignon périt, mais vous avez toujours l'avantage d'en avoir quatre à cinq qui portent l'année d'après ; si vous détachez vos caïeux, il faudra les planter en pépinière et les laisser deux ou trois ans en terre.

L'oignon de tulipe n'est pas de même ; les caïeux détachés portent dès la première année et ne demandent pas les mêmes soins que ceux des hyacinthes. Si les caïeux sont petits, qu'ils ne soient pas plus gros qu'une fève, vous les mettrez en plate-bande, les laissant deux ans en terre, ayant surtout soin de les couvrir d'un bon pouce de terreau, et bien les nétoyer à l'approche du printems pour que l'herbe ne puisse les étouffer.

De la semature des graines d'hyacinthes et de tulipes.

Si l'on veut se procurer des qualités variées dans les fleurs de hyacinthes et de tulipes, c'est de la Hollande que l'on devra en tirer les simples pour faire la graine.

Lorsque vos clochettes commenceront à former leur bouton vous prendrez un petit morceau de bois que vous placerez à côté de votre tige et l'y attacherez de manière que la pesanteur de la graine ne puisse la casser ; ne point trop faire pencher les boutons qui la renferment, car elle pourrait se perdre, l'enveloppe s'ouvrant ordinairement à mesure qu'elle mûrit.

Vous pouvez semer vos graines dans une plate-bande dont la terre sera bien passée et mélangée avec un bon terreau ; lorsqu'elles commenceront à pousser, et que la plante sera de la hauteur d'un pouce, vous la nétoyerez, la distinguant surtout de la mauvaise herbe, ce que vous connaîtrez facilement par la parfaite ressemblance qu'a dans sa naissance l'oignon des hyacinthes avec celui de potager ; vous les arroserez légérement lorsqu'elles en auront besoin, et chaque année vous les couvrirez de deux bons pouces de terreau moitié pourri pendant l'espace de trois ans que vous les laisserez en terre ; c'est dans la quatrième année seulement que vous commencerez à découvrir quelques qualités.

L'on peut faire des semis de tulipes de la même manière, ayant soin pour cela de garder les plus belles dont les variétés et les couleurs sont les plus rares. Chaque fois que j'ai semé cette graine j'ai réussi et j'ai eu beaucoup plus de satisfaction qu'en semant celle de hyacinthe, soit par la plus grande quantité de variétés que par la vivacité de leur couleur et rayures bien marquées, mais on ne jouit pas long-tems de leur beauté, car la seconde année elle dégénèrent, les couleurs ne sont plus si vives et les rayures moins égales ; il s'ensuit de là qu'elles finissent par s'enivrer et deviennent toutes d'une couleur. On se rapportera pour leur culture , et pour le terrain qui leur est le plus propice , à ce que j'ai dit plus haut. (article des oignons.)

Les soins que l'on doit prendre pour la conservation de cette graine sont les mêmes que ceux pris pour celle des hyacinthes, cette plante étant aussi sujette à perdre sa graine à mesure qu'elle mûrit.

Des Tubéreuses.

L'OIGNON de tubéreuse réussit assez bien dans notre climat , mais il faut user de précaution pour le conserver , car la moindre gelée lui est préjudiciable , même la gelée blanche qui le cuit ; cet oignon aime à être planté dans un terrain gras de fumier , et lorsqu'on le mettra en vase il faudra y mêler pour le moins autant de terreau que de terre , se servant du plus gras que l'on pourra trouver. On le plante ordinairement au commencement de mars , ayant soin auparavant d'en ôter les caïeux ; les y laissant , on risquerait de ne pas avoir des fleurs , parce que la substance que l'oignon tire de la terre se divise entre tous les caïeux. On les placera autant que possible sous un vitrage ou serre-chaude ; à défaut de cela , on les placera contre un mur exposé au midi , les couvrant d'un paillasson ou d'un vase renversé pour les garantir du froid ; si on les met en pleine terre , on les plantera un peu plus tard , les couvrant de bon fumier que l'on ôtera aussitôt que l'on verra la plante paraître. Sur la fin de l'automne arrachez vos oignons , ôtant bien la terre pour les faciliter à sécher , et les mettant toujours à cet effet dans un endroit où le froid ne puisse les atteindre.

De la culture des Giroflées jaunes.

La giroflée est une fleur dont l'odeur est très-douce et très agréable, ce n'est qu'en semant que l'on peut s'en procurer de différentes qualités ; j'en ai trouvé dans une semature d'une année plus de dix varietés ; il est vrai que l'on ne réussit pas toujours et que pour conserver celles qu'on aura trouvé on ne le peut qu'en faisant des boutures ; pour ne pas perdre sa peine à la culture de ces fleurs et faire de bonnes graines, il faut placer les doubles à côté des simples, pour que l'étamine joue et les féconde, celles-ci étant les seules qui produisent la graine ; ne laissant pour cela que les principales tiges, les pinçant par le haut, ne laissant que sept à huit gousses ou siliques, afin qu'étant mieux nourries elles puissent donner de meilleures graines qui produiront bien plus de doubles.

Ce ne sera que dans le mois de mars qu'on semera ; lorsque les jeunes plantes auront une quinzaine de feuilles on les replantera dans une plate-bande de la même manière que l'on planterait des salades dans un terrain préparé et fumé ; ce ne sera qu'à la fin de septembre que l'on commencera à apercevoir qu'ils marquent ; les simples sont toujours les premiers qui paroissent, c'est ce qui sert très souvent à les distinguer dès le commencement ; lorsqu'on en trouvera de doubles on les mettra en vase : quant à ceux que l'on n'a pu reconnaître d'avec les simples n'ayant pas porté , on fera un petit fossé près d'un mur exposé au midi , les plantant jusqu'à moitié de leur tige ; on pourra encore les couvrir de feuilles ou paillassons pour les garantir du froid.

La giroflée jaune se plaît particulièrement dans les débris des murs : on ne fera donc pas mal d'en mêler du très-fin avec la terre.

Il y a encore plusieurs autres qualités de giroflées , comme le quarantin , la royale quarantaine dit cocardeau ; celle-ci est préférable à toute autre qualité ; on en trouve même de quatre , le violet , le cramoisi , le blanc et le couleur de chair ; ces quatre dernieres ne se pincent point , ils forment ordinairement six à sept tiges ; les fleurs se touchent toutes , la tige est fort belle et la graine a de la peine à mûrir , si on n'a le soin de la semer de bonne heure , c'est-à-dire , dans le commencement de mars. On peut même , pour les avoir plus précoces , les semer dans un vase sous couche. Bien souvent cette graine se sème en pleine terre dans des plate-bandes , mais on ne les replantent pas , on les éclaircit de manière qu'ils aient un demi-pied de distance d'une plante à l'autre , sans enlever entièrement les simples qui se trouveraient parmi les doubles , leur faisant la même opération qu'aux jaunes ci-dessus mentionnée.

Je ne m'étends pas d'avantage sur toutes les espèces que l'on peut trouver , je ne parle ici que de celles que j'ai cultivé de préférence par leur grande beauté.

Des Oreilles-d'ours.

Nous avons encore pour semis l'oreille-d'ours qui est une plante très-agréable tant par la variété de ses couleurs que par son parfum qui est très doux. Ce pays en produit de plusieurs espèces assez variées ; on en tire même des montagnes qui sont d'un beau jaune jonquille ; elles ont une odeur d'orange bien plus forte que celles que nous cultivons dans nos parterres ; elles portent plus aisément graines, et craignent moins le froid que ces premières ; ramassant la graine qui provient de cette fleur jaune, et la semant, elle nous donne des couleurs variées, mais pas en aussi grande quantité que celles que nous tirons des panachées et veloutées ; leur culture n'est pas aussi délicate ; ces premières demandent beaucoup plus de soin ; il faut les planter, autant que possible, au midi et en pleine terre, en bordures de plate-bandes ou en petites plate-bandes, les arroser souvent, bien les sarcler, leur ôter toutes les feuilles mortes et pourries.

Ces plantes se mettent aussi en vase ; elles y produisent bien plus de fleurs qu'en pleine terre ; mais pour mieux parvenir à leur en faire porter il faut les arroser souvent et les laisser bien exposées au midi.

Je ne dirai pas de choisir les couleurs pour vos semis puisque les plantes que l'on met en vase sont ordinairement les plus belles et portent presque toujours deux à trois clochettes les unes sur les autres ; d'autres, qui sont doubles, dont les fleurs ne sont point séparées comme ces premières , ont moins d'odeur que les simples , mais les couleurs en sont plus vives et d'un beau velouté ; les panachées sont aussi assez estimées. On ramassera de préférence la graine de celles dont les couleurs seront vives.

Cette semature est très-délicate ; elle ne lève que très-tard ; elle reste quelquefois deux ou trois mois sans paraître ; il sera préférable de les semer au printems , dans le courant de mars plutôt qu'au mois d'août , comme le prétendent plusieurs auteurs qui assurent même que cette graine ne lève que cinq à six mois après sa semature ; on aura alors l'avantage de voir lever ses semis avant de les renfermer dans la serre.

A la sortie de l'hiver , lorsque vous verrez que vos jeunes plantes auront une huitaine de feuilles , vous les mettrez en terre , les plaçant de la même manière que les œillets , dans un terrain préparé et exposé au midi , les arrosant très-souvent. Ce ne sera guère qu'au bout de deux ans que l'on pourra jouir de ces fleurs , et tous les deux ou trois ans on les œilletonnera , et on plantera ces œilletons de la même manière que les replans. Voici quelle est la méthode à suivre pour semer cette graine :

Lorsqu'on aura préparé un terrain comme pour une semature d'œillets , on prendra un grand vase rempli de bonne terre où l'on sèmera la graine que l'on couvrira d'un demi-doigt d'un terreau bien pourri , ressemblant à la terre ; vous le presserez légèrement avec la truelle , puis vous prendrez de la mousse

bien propre et bien fine que vous placerez
sur votre vase , ayant soin de le tenir dans un
lieu où il ne puisse recevoir que deux heures
de soleil par jour , préférablement le matin ;
au bout d'un mois vous lui donnerez insensiblement un peu plus de chaleur , le laissant
davantage exposé au soleil , et ne replanterez
vos jeunes plantes que lorsqu'elles auront acquis la grosseur sus-mentionnée (1).

Des Primevères.

La primevère est une plante moins délicate
que l'oreille-d'ours ; elle produit des fleurs
assez agréables qui ressemblent beaucoup à
celle-ci , tant par la tige que par ses clochet-

---

(1) Une belle oreille-d'ours , selon Miller et Bra-
deley , se connaît à ces marques :
1.º La tige à fleur doit être grosse et de résistance ;
2.º les pédicules des fleurs doivent être courts et ca-
pables de soutenir la fleur bien droite ; 3.º le tuyau ou
cou de chaque fleur doit être court et régulier ; 4.º la
fleur doit être large ; 5.º leurs couleurs doivent être
vives et bien mêlées ; 6.º leur œil doit être grand ,
rond, et d'un beau blanc ; 7.º leur fleurs doivent
s'étendre à plat et ne jamais former le godet ; 8.º il
faut qu'il y ait une bonne quantité de fleurs également
étendues sur la tige : ce sera principalement
celles qui auront toutes ces perfections que l'on
choisira pour faire la graine , et ce sera , autant que
possible , dans une matinée sèche qu'on la cueillera ;
plaçant cette graine sur du papier pour lui donner
quelques heures de soleil par jour pendant un mois
environ pour l'empêcher de moisir , alors on la reti-
rera pour ne la semer qu'à la fin de février ou dans
le courant de mars.

tes ; elle ne donne pas le quart autant de peine ; elle est-moins sujette à périr ; les fleurs ne sont pas aussi larges ni aussi délicates , elles n'ont presque pas d'odeur. On en compte près de quarante qualités : il m'est arrivé d'en découvrir plus de trente dans la semature d'une année , dont six de doubles imitant parfaitement l'oreille-d'ours. Cette plante se met rarement en vase ; elle se plaît en pleine terre et demande peu de soin : plus elle est exposée au nord plus elle est belle. On s'en sert ordinairement pour border les plate-bandes d'un parterre ou bien on en forme des planches. Cette plante produit souvent sept à huit tiges , et chaque tige forme un bouquet où l'on compte quelquefois jusqu'à vingt-quatre clochettes. C'est la fleur la plus précoce que nous ayons dans nos parterres ; elle donne souvent en automne et forme beaucoup d'œilletons. Il en est de deux qualités qu'on trouve dans les prés , particulièrement celle à fleur jaune qui se trouve ordinairement dans le milieu des prés ; elle a une odeur de fleur d'orange ; en la transplantant pendant deux ou trois années elle devient double , c'est-à-dire à une clochette l'une au-dessus de l'autre à un pouce de distance. Sa tige a près de neuf pouces de longueur , et a la fleur de dessus une fois plus large que celle de dessous. On en trouve une autre qualité dans les haies : on voit sortir du centre de ses feuilles plusieurs tiges qui n'ont qu'une seule fleur ; rarement elles en produisent deux. Sa couleur est d'un jaune pâle : en la cultivant elle ne m'a donné qu'une couleur vineuse , un rouge sale. Il est préfé-

rable de cultiver la première dont on tire
graine , suivant la même méthode pour les
semis que celle qu'on aura suivie pour l'oreille-
d'ours ; on n'attendra pas aussi long-tems pour
les voir lever et on pourra les transplanter la
même année sans crainte qu'elles périssent ,
à moins qu'elles soient étouffées par la mauvaise herbe.

Il se trouve souvent des fleurs de primevères
qui n'ont pas de pistil , il ne faut pas s'attendre
à en recueillir de la graine ; la plante est toujours stérile ; il en est de même de l'oreille-
d'ours.

La graine se forme comme celle de l'œillet ,
dans un cylindre de la grosseur d'un petit pois
rond, qui s'élève au dessus du calice. Lorsque
la graine est mûre , il se fend au dessus en
forme de croix ainsi que celui de l'oreille-d'ours,
qui est un peu plus gros que celui-ci. Aussitôt
que cette ouverture se fera , on pourra couper
la tige et faire sécher la graine , contenue dans
le cylindre , dans une boîte de papier.

F I N.

www.ingramcontent.com/pod-product-compliance
Lightning Source LLC
LaVergne TN
LVHW050641060726
842527LV00004B/1410

9 782329 282459